广西水土保持监测操作手册

黄艳霞　俞　孜　王冬梅　史常青　等编著

黄河水利出版社

·郑州·

内 容 提 要

本书根据广西壮族自治区当前水土保持监测的实际，提出了监测指标，阐明了监测方法，内容包括四部分：第一部分为监测指标（包括监测六项指标）；第二部分为所有监测指标野外操作方法详述；第三部分为供读者参考使用的水土保持监测数据记录样表；第四部分为书中所提及的专业方法做注释，以及监测工作过程中应重点注意的事项。

本书可作为水土保持基层技术人员开展水土保持监测工作的指导用书，也可作为水土保持、生态环境等相关领域各级监测机构的参考用书。

图书在版编目（CIP）数据

广西水土保持监测操作手册/黄艳霞等编著．郑州：黄河水利出版社，2010．12

ISBN 978－7－80734－947－1

Ⅰ．①广…　Ⅱ．①黄…　Ⅲ．①水土保持－监测－广西－技术手册　Ⅳ．①S157－62

中国版本图书馆CIP数据核字（2010）第245881号

出 版 社：黄河水利出版社

地址：河南省郑州市顺河路黄委会综合楼14层　邮政编码：450003

发行单位：黄河水利出版社

发行部电话及传真：0371－66026940、66020550、66028024、66022620（传真）

E-mail：hhslcbs@126.com

承印单位：黄河水利委员会印刷厂

开本：850 mm×1 168mm　1/32

印张：2.5

字数：63千字　印数：1—3 000

版次：2010年12月第1版　印次：2010年12月第1次印刷

定价：18.00元

《广西水土保持监测操作手册》

编写单位及人员

编写单位：广西壮族自治区水土保持监测总站
北京林业大学水土保持学院
沃德兰特（北京）生态环境技术研究院

编写人员：黄艳霞　俞　孜　王冬梅　史常青
王晓英　吴　卿　梁志鑫　何衍海
潘钦玉　杨秀梅　阳文兴　张　艳
殷小琳　卢宝鹏　张　焘

审 核 人：张洪江　王百田

序

水土流失是当今世界头号环境问题，已成为21世纪人类最为重要的战略资源之一。搞好水土保持，保护水土资源，维护良好的生态环境，保障人与自然的和谐、促进社会经济可持续发展是当今发展的必然要求和必然趋势。水土保持监测是根据国家、地方国民经济发展的需要，从保护水土资源和维护良好的生态环境出发，运用多种手段和方法，对水土流失的成因、危害及预防治理效果等进行动态监测，及时、准确地反映水土流失动态及其发展趋势、水土保持生态环境建设状况，为水土流失防治、监督和管理决策提供科学依据，为各级人民政府制定国民经济和社会发展规划提供重要的参考。

随着国家对生态环境建设以及水土流失防治的高度关注，目前虽然已经基本形成了水土保持监测的理论，逐步完善了水土保持监测技术指标，制定了水土保持监测技术规范。但是，由于我国水土流失类型复杂多样，各地水土保持监测对象和重点各异，从事基层水土保持监测工作的专业技术人员缺乏，而现有的监测规程难以满足基层水土保持工作者的实际工作需求。因此，欲保证监测成果质量，提高基层水土保持监测工作效率，编制简单明了而又实用的水土保持监测操作手册，就成为当前很多地区水土保持监测实际工作中急需解决的问题。

广西壮族自治区水土保持监测总站结合当地水土保持监测工作的需要，联合北京林业大学水土保持学院和沃德兰特（北京）生态环境技术研究院共同编写的这本《广西水土保持监测操作手册》，在总结国内外水土流失监测技术经验的基础上，结合广西壮族自治区水土流失和监测的实际，利用朴实的文字、丰富的图表系统地介绍水土保持监测的指标、操作方法及水土保持监测数据的处理和应用，为基层技术人员提供了专业方法的注释。本书内容简洁、全面、实用，重点突出，可操作性强。可为定期公告水土流失状况以及水土保持措施进展提供技术支持，保证监测工作的顺利进展。同时对完善水土保持监测体系，达到全面防治水土流失、改善生态环境具有重要的实践意义和现实意义。

王礼先

2010 年 12 月

前　言

为规范广西壮族自治区区域内水土保持监测工作，保证水土保持监测质量，提高水土保持监测的工作效率，为从事水土保持监测的基层技术人员提供简单实用的水土保持监测操作指南，广西壮族自治区水土保持监测总站联合北京林业大学水土保持学院和沃德兰特(北京)生态环境技术研究院编写了《广西水土保持监测操作手册》。编写人员有：黄艳霞、俞孜、王冬梅、史常青、王晓英、吴卿、梁志鑫、何衍海、潘钦玉、杨秀梅、阳文兴、张艳、殷小琳、卢宝鹏、张焘。本书由张洪江、王百田审核。

编著者

2010年11月

目　录

第 1 章　监测指标

本套监测指标是在总结国内外水土流失监测成果的基础上，紧密结合本区实际而编写的，内容包括常规的影响因子调查和测验，如表 1-1 所示。

表 1-1　监测指标

类别	指标		单位	页码
土壤因子	物理性质	含水量	%	3
		容重	g/cm^3	4
		毛管孔隙度	%	6
		非毛管孔隙度	%	
		总孔隙度	%	7
		田间持水量	%	7
	化学性质	全氮含量	g/kg	12
		全磷含量	g/kg	
		全钾含量	g/kg	
		有效磷含量	mg/kg	
		水解性氮含量	mg/kg	
		有效钾含量	mg/kg	
		有机质含量	g/kg	
		土壤 pH		12
植被因子	乔木	胸径(或地径)	cm	12
		树高	m	14

续表 1-1

类别	指标		单位	页码
植被因子	乔木	冠幅	m	15
		树龄	a	15
		林地郁闭度	%	17
	灌木	树高	m	14
		冠幅	m	15
		盖度	%	17
	草本	草地盖度	%	16
气象因子	降雨量		mm	19
地形因子	坡度		(°)	21
土壤侵蚀状况	坡面侵蚀	径流量	m^3	21
		泥沙量	g	
	沟蚀	沟谷长度	m	25
		沟谷密度	m/km^2	25
		主沟道纵比降		26
	滑坡	位移	m	26
		滑坡侵蚀量	t/a	28
	崩岗	沟头前进距离	m	30
		崩岗侵蚀量	t	30
	泥石流	流速	m/s	33
		流量	m^3/s	33
	石漠化	岩石出露比	%	34
		土层厚度	cm	34
措施效益	作物产量		kg/hm^2	36
	果品产量		元/人	36

第2章　监测方法

2.1　土壤因子

2.1.1　物理性质

2.1.1.1　土壤含水量

1)准备器材

铝盒、天平(精确到0.01 g)、取土刀、烘箱。

2)野外取样

在野外采样点取样时,刮开表层,按土层深度(如0~20 cm、20~40 cm)用取土刀取土20 g,放入铝盒,盖上铝盒盖,立刻用天平称重 w_1,然后带回室内。每个样点至少取三个重复的土样。

3)室内烘干

(1)样品带回室内,打开铝盒盖放入烘箱中,105 ℃烘8 h后冷却至室温,盖上铝盒盖,称重 w_2。

(2)铝盒洗净后烘干,用天平逐一称重并对应记录 w_0。

4)计算

土壤含水量计算公式为:

$$w(\%) = \frac{w_1 - w_2}{w_2 - w_0} \times 100$$

式中　w——土壤含水量;

w_1——铝盒带湿土重,g;

w_2——铝盒带干土重,g;

w_0——铝盒重,g。

记录表见附表 1。

2.1.1.2　土壤容重

1）准备器材

烘箱、天平、铝盒、铁铲、削土刀、环刀（底垫滤纸）、环刀托、木锤、小剪刀、游标卡尺。

2）野外取样

（1）若按照发生层测定土壤容重，需要先挖掘土壤剖面（土壤剖面的选择见附录 1），按照每隔一定距离（如 0 ~ 20 cm、20 ~ 40 cm）在取土部位修一横向平面。

（2）野外取土时，环刀刃口朝下，放在平面上，将环刀托套在环刀无刃口的一端，均衡地用力下压压柄，将整个环刀垂直压入土中（如土层紧实压入有困难时，可用木锤垂直轻轻敲打环刀压柄）。如图 2-1 所示。

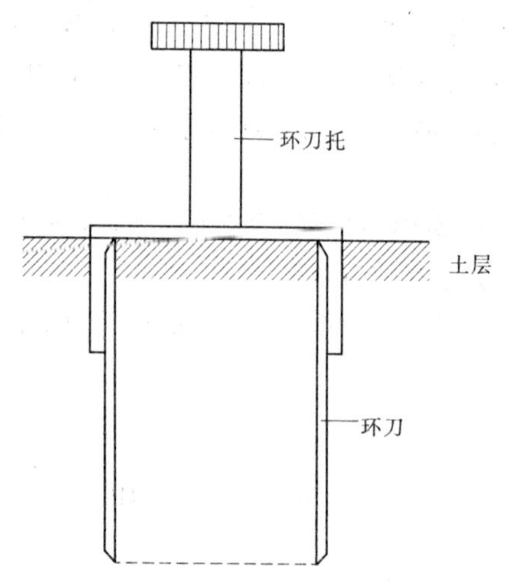

图 2-1　环刀压入土壤的示意图

（3）用削土刀将环刀周围的土挖出，慢慢取出环刀土柱，使其翻转过来，刃口朝上，用削土刀迅速削去附在环刀壁上的土壤，然后在刃口一端从上端向刃口部位逐渐削平土壤(如遇到植物根,用小剪刀平着环刀刃口剪去,使土面与刃口完全齐平)。

(4)盖上垫有滤纸的带孔下底盖,再次翻转环刀,使盖好下底盖的刃口一端朝下,取下环刀压柄,同样削平无刃口一端的土面,并盖好上底盖,擦净环刀外黏附的土壤,称重 m_1。

(5)在环刀采样同层处,用铝盒采样,测定土壤含水量 w(方法见2.1.1.1)。

3)室内称量

(1)用游标卡尺测量环刀的高度、内径,即可计算出环刀容积 V(一般容积为100 cm^3);

(2)称环刀重 m_0(连同上、下底盖和垫底滤纸)。

4)计算

计算公式为

$$土壤容重(g/cm^3) = \frac{(m_1 - m_0) \times 100}{V \times (w + 100)}$$

式中 m_1——环刀带土重,g;

m_0——环刀重,g;

V——环刀容积,cm^3;

w——土壤含水量。

记录表见附表2。

5)注意事项

(1)环刀采样时要保持环刀内全部充满土;

(2)在采样过程中,需保持土块不受挤压、不变形,尽量保持土壤的原状;

(3)每个样点至少取三个重复的土样。

2.1.1.3 孔隙度

1)准备器材

环刀(孔盖上垫有滤纸)、天平、土壤刀、盛水容器(平底盆)、干毛巾。

2）野外取样

取土同 2.1.1.2 土壤容重方法。野外取样时，测定环刀带土重 m_1。同一点处用铝盒取样，铝盒带湿土称重 w_1，室内烘干后铝盒带干土称重 w_2，铝盒重 w_0。

3）室内操作

a. 土壤毛管孔隙度

将环刀样品带回室内，拿掉上盖并在其上放一张滤纸，保留垫有滤纸带孔底盖。将环刀带孔底盖端向下放入容器内，注入并保持盆中水层高度至环刀上沿为止，注意观察，当环刀上滤纸刚一湿润，拿掉上边滤纸，水平取出，用干毛巾擦掉环刀外的水，立即连同上盖一起称重 m_3。

b. 土壤非毛管孔隙度

称量完后，环刀样品继续放入水中吸水，放上原来滤纸，待滤纸完全湿润，水平取出，拿掉上边滤纸，用干毛巾擦掉环刀外的水，立即连同上盖一起称重 m_4。

若测定田间持水量，可继续进行，方法参看 2.1.1.4。

4）计算

（1）土壤毛管孔隙度计算公式为：

$$\theta' = \frac{m_3 - m_0 - m_2}{V}$$

其中
$$m_2 = \frac{(m_1 - m_0)(w_2 - w_0)}{w_1 - w_0}$$

式中 m_3——环刀带土重（滤纸刚一湿润），g；

m_0——环刀重，g；

m_2——环刀内烘干土重，g；

V——环刀容积，cm^3；

m_1——环刀带土重，g；

w_2——铝盒带干土重,g;

w_1——铝盒带湿土重,g;

w_0——铝盒重,g。

(2)土壤总孔隙度计算公式为:

$$\theta = \frac{m_4 - m_0 - m_2}{V}$$

式中 m_4——环刀带土重(滤纸完全湿润时),g;

m_0——环刀重,g;

m_2——环刀内烘干土重,g;

V——环刀容积,cm^3。

(3)土壤非毛管孔隙度

土壤非毛管孔隙度为总孔隙度,即:

$$\theta'' = \theta - \theta'$$

记录表见附表3。

5)注意事项

测定土壤饱和持水量将环刀土柱浸入水中时,水面切勿淹没土柱,以利于空气的排出。

2.1.1.4 田间持水量

1)准备器材

环刀(孔盖上垫有滤纸)、天平、土壤刀、盛水容器(平底盆)、干毛巾、干沙。

2)野外取样

取土同2.1.1.2土壤容重方法。

3)室内操作

(1)前部分操作同孔隙度。

(2)滤纸完全湿润称重后,放置在铺有干沙的平底盘中,保持一定时间(沙土1昼夜,壤土2~3昼夜,黏土4~5昼夜)盖上上、下底盖,称重m_5。

(3)将环刀内土换算为烘干土重 m_2。

4)计算

计算公式为:

$$土壤田间持水量(\%) = \frac{m_5 - m_0 - m_2}{m_2} \times 100$$

式中 m_5——干沙放置1~5昼夜后环刀内湿土重,g;

m_0——环刀重,g;

m_2——环刀内烘干土重,g。

记录表见附表4。

5)注意事项

浸湿后的环刀土柱放置在干沙盘上与沙接触良好,称重前用干毛巾将接触的沙子擦掉。

2.1.2 化学性质

2.1.2.1 土样采集

1)准备工具

土袋、小土铲(土钻)。

2)取样工具的选取

a. 小土铲

在切割的土面上,根据采土深度用土铲采取薄厚一致的土片。这种土铲在任何情况下都可以使用,但多个点混合采样时,比较费工。土铲采样如图2-2所示。

b. 管形土钻

管形土钻下部系圆柱形开口钢管,上部系柄架,根据工作需要可用不同管径的土钻。将土钻钻入土中,在一定土层深度处,取出一均匀土柱。管形土钻取土速度快,又少混杂,特别适用于大面积多点混合样品的采集。但它不太适用于沙性强的土壤,或干硬的黏重土壤。

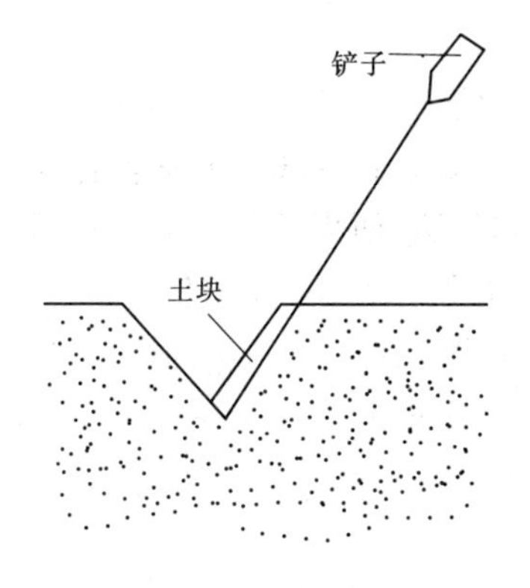

图 2-2　土铲采样

c. 普通土钻

普通土钻使用起来比较方便,但它一般只适用于湿润的土壤,不适用于干燥的土壤,同样也不适用于沙土。另外,普通土钻的缺点是容易使土壤混杂。用普通土钻采取的土样,分析结果往往比其他工具采取的土样要低,特别是有机质、有效养分等的分析结果较为明显。不同取土工具带来的差异主要是由于上下土体不一致造成的。土钻采样如图 2-3 所示。

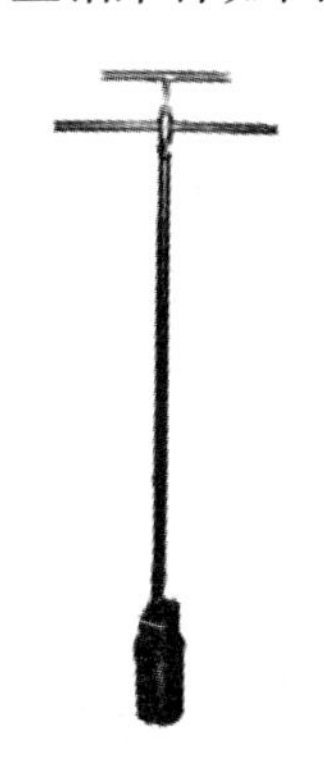

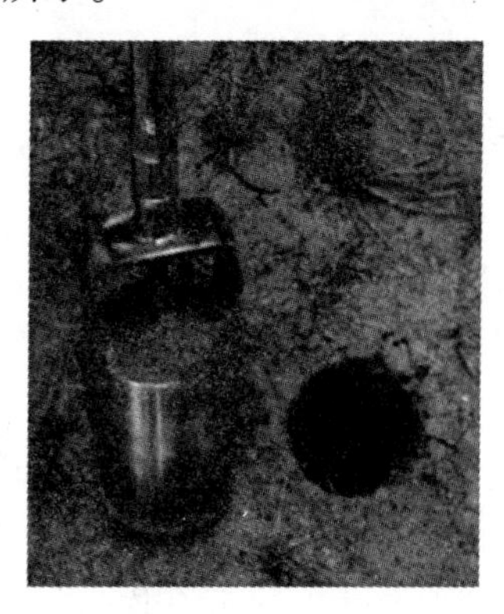

图 2-3　土钻采样

3)野外采样

(1)在确定的采样点上,先将 2 ~ 3 cm 表土刮去,然后用土钻垂直或小铁铲斜向下入土 15 ~ 20 cm 采集土样。

(2)样品采集的方法:面积较小的用对角线采样法,面积适中的用棋盘式采样法(上、中、下,左、中、右),面积较大的用蛇形("S"形)采样法。通常都按"S"形的路线取样。平坦的地方测定土壤肥力时,每 20 hm^2 采 11 个土样(每个土样由 5 个土孔混合起来,即每 2 hm^2 采用一个土样,采用如图 2-4(a)所示的"S"形取样法进行采样)。

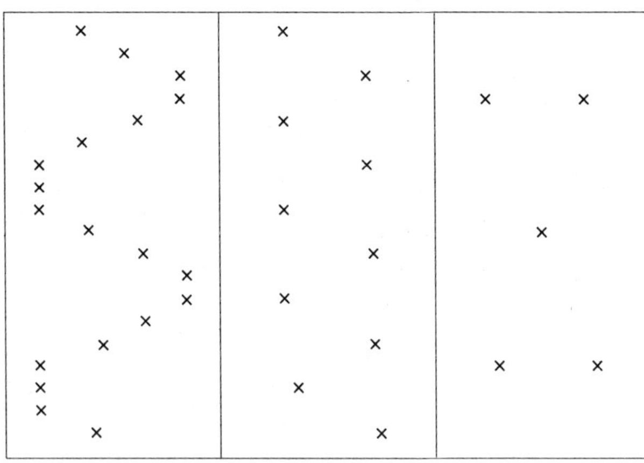

(a) (b) (c)

图 2-4 土壤采样点分布

注:(a)正确的分布;(b)、(c)不恰当的分布;×为采样点

(3)采样的具体方法是在确定的采样点上,用小土钻采取混合样品,或用小土铲斜向下切取一片片的上下厚度相同的土壤样品,然后将样品集中起来混合均匀。

(4)每个土样采足量(一般 1 kg)后装入土袋中。过多时用四分法(见附录2),弃掉多余的部分,样品用干净的土袋盛装。标签要一式两份,袋内放一张,袋外放一张,标签上应注明土壤名称、地点、层次、深度、植被、地形、采集人等各项内容,同时记入记录本内,以备以后查阅。

4)注意事项

(1)每个采样点的取土深度、质量应尽量一致;

(2)湿润、不含石砾且疏松的土壤使用土钻,干燥、含石砾而坚硬的土壤使用小土铲;

(3)采土时粗略选去石砾、虫壳、根系等物质,把土样混合均匀。

2.1.2.2 室内土样制备

野外采集回的土样,弄碎摊薄放在室内阴凉通风处风干并经常翻动。

(1)混合分样:制样前若土样的数量太多,要进行混合分样,然后用四分法进行弃留(见附录2)。

(2)研磨过筛:将采集的风干样挑去石块、根茎及各种新生的叶片和浸入体,然后研磨,使之全部通过2 mm(10目)筛,用混合分样法分取20~30 g;已通过2 mm筛的土样进一步研磨,使其全部通过0.25 mm(60目)筛;再次研磨,使其全部通过0.149 mm(100目)筛为止。

(3)贮存:制好的样品经充分混合,放入广口瓶或塑料袋中保存,内外各放一个标签,注明编号、采样地点、土壤名称、深度、筛孔(粒径)、采样日期、采样者、制样人等项目。

注意事项:

(1)采集回来的土样风干时,切忌阳光直晒。

(2)制备好的所有样品都需专册登记,然后放在避免日光、高温、潮湿和有害气体污染的地方。土样要保存半年至1年,特殊样品要保存更长时间或长期保存。

2.1.2.3 指标测定

上述制备好的土样，可用于测定土壤的全氮含量、全磷含量、全钾含量、有效磷含量、水解性氮含量、有效钾含量、有机质含量（其中有效磷含量和有效钾含量测定，土样过 1 mm 筛子即可）。送往相关单位进行测定。

2.1.2.4 土壤 pH

1）试剂准备

天平、量筒、pH 试纸（比色卡）、玻璃杯、玻璃棒、蒸馏水（也可以用凉开水代替）。

2）测定方法

测定时取一定量的土样，放入干净的玻璃杯中，用量筒按土水比 1∶2的比例加入水，用玻璃棒搅拌，静置至不溶物沉淀，用玻璃棒蘸取，滴在 pH 试纸上，然后与标准比色卡对比。颜色与之相近的色卡号即为土壤的 pH。

2.2 植被因子

2.2.1 生长状况测量

2.2.1.1 树木的直径

1）胸径

胸径通常是测量树木距根颈约 1.3 m 处的直径。使用胸径尺在树干上交叉测两个数，取其平均值，由于树干有圆有扁，对于扁形的树干尤其要测两个数。

测定胸径时应注意以下问题：

（1）在林业调查中，胸高位置在平地是指距地面上 1.3 m 处，在坡地以坡上方 1.3 m 处为准。如图 2-5 所示。

（2）胸高处出现节疤、凹凸或其他不正常的情况时，可在胸高断面上下距离相等而树干干形正常处,测直径取平均数作为胸径值。

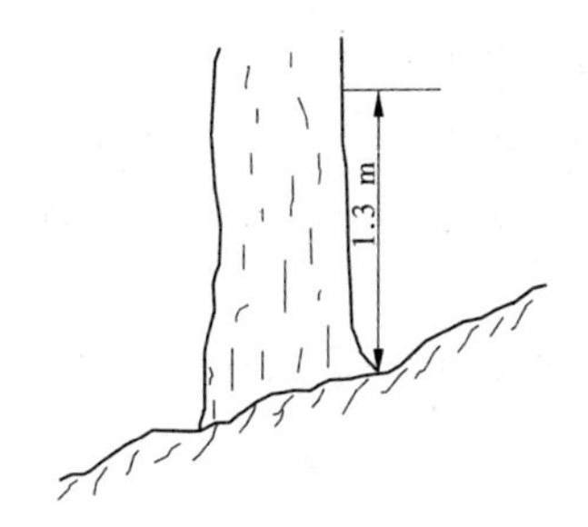

图 2-5 坡地胸径测量示意图

(3)胸高以下分叉的树,分开的两株树分别测定每株树的胸径。如果碰到一株从根边萌发的大树,一个基干有 3 个萌干,则必须测量三个胸径,在记录时用括弧记在同一个植株上。

(4)胸径 2.5 cm 以下的小乔木,一般在乔木层调查中都不必测量,应放在灌木层中调查。

2)地径

地径是指树干基部的直径,测量时,用游标卡尺测两个数值后取其平均值。

a. 卡尺

卡尺如图 2-6 所示,卡尺测径时应注意以下事项:

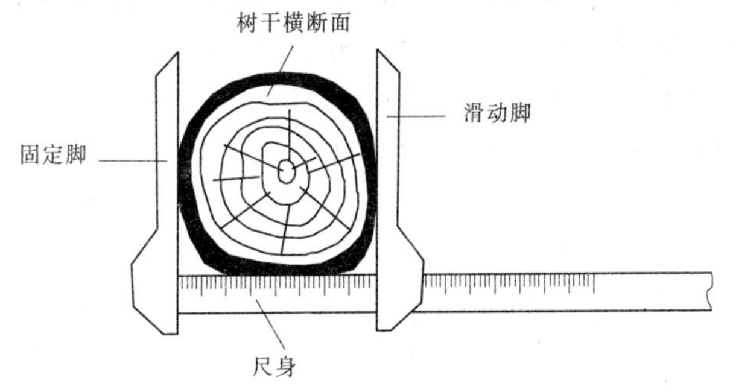

图 2-6 卡尺

(1)测径时应使尺身与两脚所构成的平面与干轴垂直，且其三点同时与所测树木断面接触。

(2)测径时先读数，然后再从树干上取下卡尺。

(3)树干断面不规则时，应测定其互相垂直两直径，取其平均值。

(4)若测径部分有节瘤或畸形时，可在其上、下等距处测径，取其平均值。

b. 围尺

通过围尺测量树干的圆周长，换算成直径。根据 $C=\pi D$（C 为周长，D 为直径）的关系换算。一般用于测比较粗的树。

2.2.1.2 树高

树高即为树干的根颈处至主干梢顶的长度（即从平地到树梢的自然高度，弯曲的树干不能沿曲线测量）。

树高的测量采用以下三种方法：

(1)测高仪测量法：通常在做样方地时，用简易的测高仪（例如魏氏测高仪）实测群落中的一株标准树木，其他各树则可以估测。估测时均与此标准相比较。

(2)目估法：一种方法为积累法，即树下站一人，举手为 2 m 高，然后目估 2 m、4 m、6 m、8 m，往上积累至树梢；另一种方法为分割法，即测者站在距树远处，把树分割成 1/2、1/4、1/8、1/16，例如分割至 1/16 处为 1.5 m，则此树高即为 1.5 m×16=24 m。

(3)简易测定法：准备几十厘米长的直尺，测定者距被测树木一定距离，观察被测树木并手持直尺对准树木，不断移动调整距离，使得直尺 ac 平行于树。df、oad、ocf 成直线，obe 成水平线，ef 等于眼高时，如图 2-7 所示，读取 bc 数据，代入下式，即可快速测得树高。

树高的计算公式为：

$$df = \frac{ac}{bc} \times ef$$

式中 df——树高，m；

ef——树木根部到测定者眼睛的高度，m；

ac——直尺长度，m；

bc——直尺底端到测定者眼睛的高度，m。

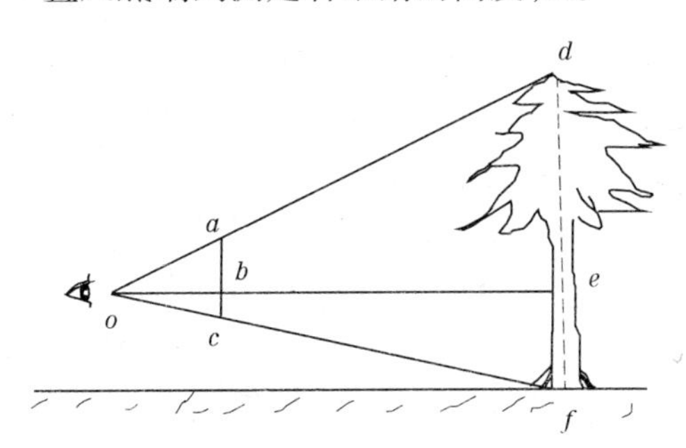

图 2-7　树高的测定

样地的选取及方法见附录 3，标准木所代表的范围及选取方法见附录 4，记录表见附表 5。

2.2.1.3　冠幅

用皮尺测量树木南北和东西主枝最大伸展范围。如东西冠幅为 4 m，南北冠幅为 2 m，则记录此株树的冠幅为 4 m × 2 m。

若调查中树木较高需用目测估计，估测时必须在树冠下来回走动，用手臂或脚步帮忙测量。特别是那些树冠垂直的树，更要小心估测。

2.2.1.4　树龄

树龄的确定可采用以下四种方法。

(1) 调查访问法：对一些人造林，可走访当地的老村民了解树木的种植时间；如林业部门有技术档案，可查找了解。这种方法对确定人工林的树龄是最可靠的方法。

(2)年轮法:砍伐树木,直接查数树木根颈位置的年轮数即树木的年龄。如果查数年轮的断面高于根颈位置,则必须将数得的年轮数加上树木长到此断面高所需的年数才是树木的总年龄。

(3)生长锥测定法:先将锥筒置于锥柄上的方孔内,用右手握柄的中间,用左手扶住锥筒以防摇晃。垂直于树干将锥筒前端压入树皮,而后用力按顺时针方向旋转,待钻过髓心为止(测树龄应在树基部)。将探取杆插入筒中稍许逆转再取出木条,木条上的年龄数,即为钻点以上树木的年龄。加上由根颈长至钻点高度所需的年轮数,即为树木的年龄。

注意:生长锥不适用于空心树的树龄测定。

(4)轮生枝法:有些针叶树种,如松树、云杉、冷杉等,一般每年在树的顶端生长一轮侧枝称为轮生枝。这些树种可以直接查数轮生枝的环数及轮生枝脱落(或修枝)后留下的痕迹来确定年龄。由于树木的竞争,老龄树干下部侧枝脱落(或树皮脱落),甚至节子完全闭合,其轮枝及轮枝痕不明显,这种情况可用对比附近相同树种小树枝节树木的方法近似确定。用查数轮生枝的方法确定幼小树木(人工林小于 30 年,天然林小于 50 年)的年龄十分精确,对老树则精度较差。但树木受环境因素或其他因素影响,有时会出现一年形成二层轮枝的二次高生长现象。因此,使用此方法要特别注意。

通过以上几种方法的综合估测,准确度会更高。

2.2.2 植被盖度

2.2.2.1 草地盖度

覆盖度多用于草本植物,适用于描述灌木林地、草地、农作物对地面的覆盖程度。将覆盖地面积除以样地面积即得。灌木林地样地面积取 2 m×2 m 或 3 m×3 m;草地和农作物样地面积取 1 m×1 m或 2 m×2 m;封育草地,经过一个封育期后检查验收,样地面积取 2 m×2 m;样地数不少于 3 个。草地盖度可采用以下两种方法的任一种确定。

1)方格法

利用预先制成的面积为 1 m^2 的正方形木架,内用绳线分为 100 个 0.01 m^2 的小方格,将方格木架放置在样方内的草地上,数出草的茎叶所占方格数,即得草地盖度。

2)针刺法

在测定范围内选取 1 m^2 的小样方,用钢卷尺和测绳每隔 10 cm 作标记,用粗约 2 mm 的细针,顺次在样方内上下左右间隔 10 cm 的点(共 100 点)上,从点的上方垂直插下,针与草相接触即算有,没有则无,在表上登记,最后计算登记次数,盖度即为

$$R(\%) = \frac{N - n}{N} \times 100$$

式中 R——盖度;

N——插针的总次数;

n——不接触针的次数。

2.2.2.2 林地郁闭度及林地盖度

林地郁闭度可采用以下两种方法计算:

(1)在晴天中午太阳直射时,用测绳在所选样方内水平拉过,垂直观测株冠在测绳上垂直投影的长度,并用尺测量、计算总投影长度,其与测绳总长度之比即得郁闭度。采用此方法应在不同方向上至少取 3 条线段求其平均值,其计算公式如下:

$$R_i(\%) = \frac{l}{L} \times 100$$

式中 R_i——郁闭度;

l——投影长度,cm;

L——测绳长度,cm。

在上述工作的基础上,计算类型区林地盖度:

$$C(\%) = \frac{f}{F} \times 100$$

式中 C——林地盖度；

f——林地面积，hm^2；

F——类型区总面积，hm^2。

需要注意：纳入计算的林地，其林地的郁闭度应大于20%。

封育林地应经过一个封育期后检查验收，样地面积为20 m×20 m，样数不少于3个。

(2)选择代表性的样地，一般林地设置样地面积为10 m×10 m或30 m×30 m。在样地内，测量人员仰视天空，测量出树冠覆盖面积或测出无冠层覆盖面积，求出林冠覆盖面积占样地面积比例数。选择三个以上的样地测定郁闭度，然后取其平均值。

2.2.2.3 林草盖度

林草盖度的测定主要用于一定流域面积内的植物总的盖度，也就是用流域内林草的总面积除以流域总面积的百分数表示。

具体方法：首先测出这一区域面积内的所有林草总面积，然后选定若干个具有代表性的林草样方，按2.2.2.2方法测出样方的盖度，求出所有样方盖度的平均值，作为这一区域面积内林草的平均盖度，然后用这一区域面积内的林草面积乘以平均盖度，得出有效盖度的林草面积，用这个面积除以该流域的面积，即为该流域的林草盖度。

植被调查记录见附表5。

2.3 气象因子

2.3.1 雨量计布设

2.3.1.1 布设选址

雨量计的布设首先要选在观测区内。

2.3.1.2 观测场地要求

(1)避开强风区;选择四周空旷、平坦的地方,不能有树木、建筑物等障碍物遮挡。一般观测场地距障碍物的距离应至少是该障碍物高度的3倍以上。

(2)在丘陵区、山区,观测场不宜设在陡坡上或峡谷内,应尽量选在相对平坦的场地,并使仪器口至山顶的倾角不大于30°。

(3)若安装一台雨量计,观测场地面积不小于4 m×4 m;两台雨量计时,观测场地面积不小于4 m×6 m。若是流域内布设若干雨量观测点,一般只安装一台雨量筒或自记雨量计,仪器占地面积应在4 m×4 m以上。

(4)观测场地周围应加以平整,地面种植牧草(草高不超过15 cm),四周设围栏保护。

(5)雨量计安放在观测场内固定的架子上,筒口距地面70 cm,保持水平和保证正圆形。

2.3.2 降雨量观测

常规地面气象观测及降水观测中广泛使用雨量器和自记雨量计。

2.3.2.1 雨量器

雨量器是观测降水量的仪器,由雨量筒和雨量杯组成。雨量筒由盛水器、储水筒(外筒)、储水瓶及筒盖构成,雨量杯为一特制的玻璃量杯,其口径与雨量筒口径成一定比例关系。雨量杯用来量取降水量,其刻度单位为mm,刻度范围为0~10.5 mm,最小分度为0.1 mm。

降水量在每日8时和20时观测。观测时,用空的储水瓶将积有降水的储水瓶换下,然后把储水瓶中的降水慢慢倒入雨量杯内。

读数时,把雨量杯放在水平面上,或用拇指与食指夹住雨量杯上端,使雨量杯自由下垂,视线要与水面平齐,以水凹面最低处为准，读得的刻度数即为降水量。降水量大时，可分数次量取，求其总和。

没有降水时，降水量记录栏不填；有降水但降水量不足 0.05 mm 时，记 0.0。在炎热干燥的日子，为防止蒸发，降水停止后，要及时进行观测。在降水强度较大时，应视情况增加观测次数，以免降水溢出。

在进行降水观测时，如果没有专用的雨量杯，也可使用普通量筒量取储水瓶中水的体积，根据量筒的口径计算降水量。计算公式为：

$$R = \frac{1\,000V}{\pi r^2}$$

式中 R——降水量，mm；

V——储水瓶中积水的体积；

r——雨量筒的半径，mm。

雨量筒读数见附录 5。

2.3.2.2 自记雨量计

(1)观测前，在备用记录纸上填写观测日期，冲洗量杯和备用储水瓶。

(2)每日 8 时准时到达雨量计处，并立即对着笔尖位置在记录纸零线上画一短垂线，以便检查时钟快慢。

(3)正常情况下，若无雨或少雨时，将笔尖拨离纸面，换纸并加墨水，上时钟发条。此后，对准时间，拨回笔尖，准时记录。若此时雨很大，可以不换纸(记录纸上能连续记 24 h)，让其继续工作，经过 2 h 后再换纸。若到 10 时雨仍然很大，此时仍可不换纸，但需要拨开记录笔尖，转动钟筒，使笔尖越过压纸条，将笔尖对准时间坐标继续记录，直到雨小时再换纸。

(4)在换记录纸的同时，将下方储水瓶带回，放上备用瓶，以便测量校正用。

降雨记录见附表6。

雨量计观测见附录6,雨量计的维护见附录7。

2.4 地形因子

测量坡度所需工具及操作办法如下:

(1)所需工具:测坡仪。

(2)操作方法:见附录8。

2.5 土壤侵蚀监测

2.5.1 泥沙量和径流量观测

2.5.1.1 径流小区观测

1)准备工具

米尺、取样瓶、扳手、铁铲、舀子。

2)径流的取样

用米尺测集流桶桶底至水面的深度。每个集流桶需在不同位置至少测量4次水深,并一一记录。当侵蚀剧烈,集流桶内泥沙淤积厚度较大时,测定径流深度,先用铁铲将集流桶内沉积的泥沙摊平,然后再测量水深,测定时使水尺接触到泥沙即可,在不同位置测定深度,记录。

3)泥沙的采集

(1)搅动集流桶中的泥水,使得泥沙和水充分混合均匀,用取样器取水沙样,装入取样瓶中,记录。每个集流桶内至少取3个样。

(2)打开集流桶底阀,一边搅拌,一边放出泥水,最后用清水将集流桶冲洗干净。

拧紧底阀,盖好桶盖,进入下一个小区,进行取样工作。

集流系统的维护见附录9,径流小区的维护见附录10。记录表见附表7和附表8。

4)泥沙样品的处理

泥沙样品的采集和径流量测定同时进行。小区取样完毕,将样品带回室内按照以下步骤进行。

a. 泥沙含量较少时

(1)样品体积测量:摇动取样瓶,防止泥沙黏附于瓶底,精确测量取样瓶中水样体积 V。

(2)准备滤纸:烘干滤纸至恒重,称重 G_1(在烘箱105 ℃,三四小时后,冷却至常温取出进行称重)。

(3)过滤:将取样瓶内的泥沙混合样摇动数次,让水沙充分混合。然后用烘干后的滤纸进行过滤,再将黏附泥沙的滤纸烘干至恒重,称重 G_2。

b. 泥沙含量较多时

(1)取干净铝盒称重 G_1。

(2)将采集的水样充分摇匀,用量筒量取一定体积的浑水 V(一般取1 000 mL),注入铝盒,倒完量筒中水样后,用少量水冲洗黏附于量筒管壁上的泥沙,再倒入铝盒,静置24 h后,缓慢倒出清水(小心切勿将泥沙倒出),再将盛泥沙的铝盒放入烘箱,烘干至恒重(在烘箱105 ℃,8 h),取出放至常温称泥沙和铝盒的总重 G_2。

5)计算

经过以上收集和处理,取得基本观测资料,可进行计算。

a. 泥沙量及含沙量

泥沙量及含沙量的计算公式为:

$$G_{泥} = G_2 - G_1$$

$$\rho = \frac{G_{泥}}{V}$$

式中　$G_{泥}$——泥沙量,g;

G_2——烘干的带有泥沙的铝盒(滤纸)重,g;

G_1——盛样的铝盒(滤纸)重,g;

ρ——含沙量,g/mL;

V——泥沙水样体积,mL。

b. 一次产流的平均含沙量及泥沙总量

采用集流池或无分水箱集流桶集流,因等距采样和重复采样,则可求其平均含沙量后,再求泥沙总量,计算公式为:

$$\bar{\rho} = \frac{\rho_1 + \rho_2 + \cdots + \rho_n}{n}$$

$$G_{泥总} = 1\,000 V_{浑总} \times \bar{\rho}$$

式中　$\bar{\rho}$——平均含沙量,g/mL;

$\rho_1, \rho_2, \cdots, \rho_n$——第 1,2,…,$n$ 测次或重复样次的含沙量,g/mL;

n——测次或重复样次;

$G_{泥总}$——泥沙总量,kg;

$V_{浑总}$——集流池浑水总体积,m^3。

6)以蓄水池为集流系统的泥沙观测

先将蓄水池的泥沙摊平,等泥沙沉降后,在不同位置测量径流深度,计算平均径流深。

径流量计算公式为:

$$W = SH$$

式中　W——蓄水池内容纳的径流量,m^3;

S——蓄水池面积,m^2;

H——蓄水池平均水深。

测定结束后,待泥沙沉积一段时间后,将上边的清水从排水孔排走,收集泥沙,风干称重。记录表格见附表9。

2.5.1.2　径流站监测

1)悬移质样品采集及处理

a. 基本工具

野外:取样器、量筒;室内:烘箱、滤纸。

b. 样品采集

取样时,观测水位及取样处的水深,测定取样垂线的起点距,做记录。然后利用取样器在预定的测点或在垂线取水样,在河沟的断面中心垂直测线用三点法(1/5、3/5 和 4/5 深处)或二点法(1/5、4/5 深处)取样,若水不是很深,可用一点取样法(1/2 或 3/5 深处)取一个样。取样至少 3 次。

c. 样品处理

用量筒量取一定体积 V 的多份水样,将每份水样分别倒入干净的量筒内,进行沉淀(一般 20 h 以上)。水样经沉淀后,将清澈的水吸出,注意不要扰动沉淀的泥沙。把经过沉淀后的水样过滤。滤纸需事先烘干进行编号并称重。将滤纸连同其上的泥沙一起放入到容器内,再放入烘箱内烘干。烘箱温度保持 105 ℃,烘 8 h 左右,关闭冷却至室温后,取出烘干后的泥沙样连滤纸一起放在天平上称重。

记录表格见附表 10。

2)推移质采集及处理

a. 基本工具

采样器、计时表、天平、烘箱。

b. 采样及计算

(1)垂直线布设:与悬移质测沙垂线重合。

(2)有效河宽测定:用采样器从边岸沿垂线向河心移动取样,若 10 min 后未取得砂砾,说明该处无推移质,继续向河心移动直至在某处取得砂砾样。此点到边岸点相应点的距离为推移质有效河宽。

(3)采样:将采样器放入河床使其入口紧贴床底,并开始记时。取样数为 50～100 g，又不能使采样器装得太满，取样历时不超过 10 min。每个测沙垂线上重复两次以上，取其平均值。若两次重复相差 2～3 倍以上，应重测。

(4)室内烘干：采样后带回室内烘干泥沙，称重 w_b。

(5)计算：

垂线基本输沙率计算公式为：

$$q_b = \frac{w_b}{tb_k}$$

式中 q_b——垂线基本输沙率，g/(s·m)；

w_b——采样器取得的干沙重，g；

t——采样历时，s；

b_k——采样器进口宽度，m。

记录见附表 11。

2.5.2 沟蚀监测

2.5.2.1 沟谷长度的测量

沟谷长度的测量有两种方法：①实地用测尺测量；②在较大比例尺地形图上测量后计算。

测量时，从切沟至冲沟、干沟、河沟一级一级沿沟底线从沟头测量至交汇点。地形图上测量前，可先用铅笔勾画出沟底线并编号。

注意事项：测量沟谷长度之前，需要有一个统一的标准，主要是图的比例尺和对沟谷发育的认识一致，以免产生大的误差。

2.5.2.2 沟谷密度

(1)流域沟谷密度计算公式为：

$$d_g = \frac{L_g}{A}$$

式中 d_g——沟谷密度，m/km^2；

L_g——沟谷总长度,m;

A——流域面积,km^2。

(2)沟谷密度计算时,一般选用1∶10 000比例尺图作测量底图;起始测量的沟谷应为切沟,浅沟及细沟不能计入;长度在200 m以上测量,不足200 m长的沟谷不计入。再量算流域总土地面积,即可计算。

2.5.2.3 主沟道纵比降

主沟道是指流域中最高一级沟道。

1)测量步骤

实地测量或在近期大比例尺地形图上测量。

量算沟谷长度时应沿沟底曲线进行,不能取两点直线。

主沟道的流程高差为主沟道沟头高程与沟道出口高程之差。沟头高程指线形沟谷上有的最大高程,并不包括沟头跌坎的高差;故地形图测量时,鉴于该跌坎常呈垂直状,所以不要把沟缘等高线的高程误做沟头高程。线形沟谷至交汇点高程之差即为公式中主沟道的流程高差。

2)计算

主沟道纵比降计算公式:

$$I = \frac{h}{L}$$

式中 I——主沟道纵比降;

h——主沟道的流程高差,m;

L——主沟道流程长度,m。

沟蚀记录见附表12。

2.5.3 滑坡监测

2.5.3.1 位移

滑坡位移监测有三种方法:排桩法、贴片法和位移传感器监测法。

1)排桩法

排桩要求监测桩距为15~30 m。①短期观测桩(不超过一个水文年)用直径7~10 cm,长100 cm的木桩,埋深约90 cm,外露5~10 cm,顶有定位小钉。②长期观测桩用直径10~20 cm,长70~80 cm的混凝土桩,埋深约60 cm,外露10 cm,顶有半球形刻有十字线槽的钢筋露头。

滑坡位移测定及计算:从滑坡后缘的稳定岩体开始,沿滑坡变形最明显的轴向等距离设置一系列排桩,由滑坡后缘以外的稳定岩体开始测量其到各桩之间的距离。汛期每周观测一次,非汛期半月或一月观测一次。

根据下式求得位移量:

位移 $\Delta L_{ik} = L_{ij+1} - L_{ij}$

水平位移 $\Delta X_{ik} = \Delta L_{ik}\cos\beta_i$

垂直位移 $\Delta Y_{ik} = \Delta L_{ik}\sin\beta_i$

式中 i——桩数,$i=1,2,3,\cdots,n-1,n$;

j——测次,$j=1,2,3,\cdots,m-1,m$;

k——测次,$k=j=1,2,3,\cdots,m-1,m$。

ΔL_{ik}——第k次与第$k+1$次测量之间,第i桩与第$i+1$桩之间的斜坡距离之差,m;

L_{ij}——第j次测量时,第i桩与第$i+1$桩之间的斜坡距离,m;

β_i——第i桩与第$i+1$桩之间斜坡的坡度(°)。

2)贴片法

水泥贴片为厚度2~3 cm,边长20~50 cm的正方形或矩形,在已产生裂缝的建筑物(如房屋墙壁、挡土墙、水渠、涵闸等)裂缝上,贴上水泥砂浆片,定期观测水泥砂浆片破裂情况,并测量相对位移。

c. 位移传感器监测法

位移传感器设在滑坡体裂缝处,裂缝的变化可直接自动传出。

d. 其他方法

(1)设标尺观测地表裂缝:与设桩观测相似,在主裂缝两侧布置若干对固定标尺,定期观测记录水平标尺与垂直标尺上的数据。

(2)剪出带刻槽观测:在滑坡体前缘剪出带内垂直滑动方向刻槽,深度以穿过滑坡体为宜,宽度一般为0.5~0.8 m,定期观测刻槽宽度和沟坡变化,并进行测量和记录。

2.5.3.2　滑坡侵蚀量

滑坡发生后,留有明显的滑坡壁,它与原坡顶缘间存在一段距离,这就是滑体的厚度,若滑体两侧厚度不一,多取几个厚度算出其平均厚度。滑体的宽度可直接量取破裂面的长度(顺坡面延伸方向);若上下宽度不同,可分别测量算出平均宽度。滑坡体的高度,在一般情况下与坡高相一致。若要求精确,需要分析考证后画出滑坡剖面图,结合宽度就可以算出体积,即得滑坡侵蚀量。

记录表见附表13。

2.5.4　**崩岗监测**

2.5.4.1　指标调查

1)地理位置

以崩岗出口线的中点为经纬度测点,混合型崩岗以多个崩口连线的中点为测点。

2)崩岗类型

依据崩岗处发育活动情况,可将崩岗划分为活动型与相对稳定型两种类型。

判别标准为:活动型——崩岗沟仍在不断溯源侵蚀,崩壁有新的崩塌发生,崩岗沟口有新的冲积物堆积;相对稳定型——崩壁没有新的崩塌发生,崩岗沟口没有或只有极少量新的冲积物堆积,崩岗植被覆盖度达到75%以上。

3)崩岗形态

按崩岗形态特征可分为条形、瓢形、弧形、爪形和混合型5种类型。如图2-8所示。

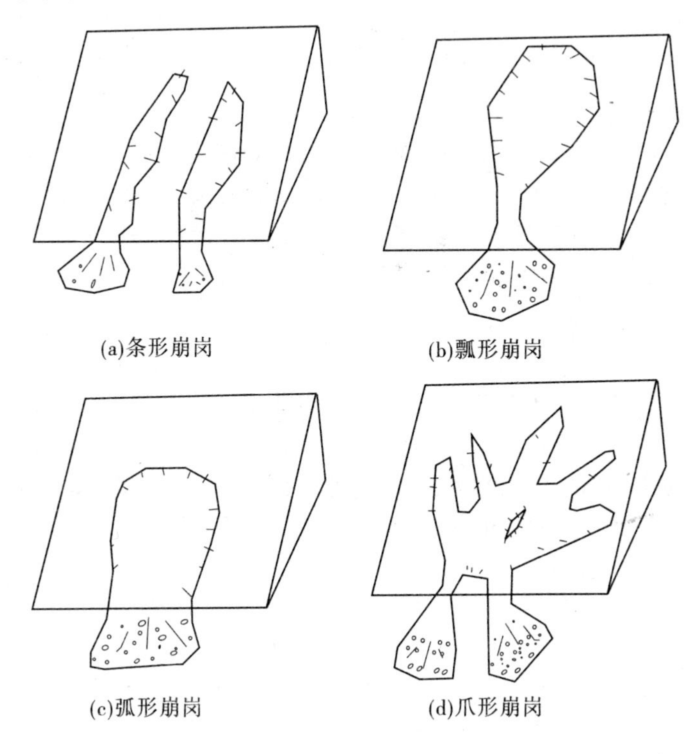

(a)条形崩岗　(b)瓢形崩岗

(c)弧形崩岗　(d)爪形崩岗

图2-8　崩岗形态

(1)条形崩岗:形似蚕,长是宽的3倍左右,多分布在直形坡上,由一条大切沟不断加深发育而成。

(2)瓢形崩岗:在坡面上形成腹大口小的瓢形葫芦崩岗沟。

(3)弧形崩岗:崩岗边沿线形似弓,弧度小于180°。在河流、渠道、山坝一侧由于水流长期的沟蚀和重力崩塌(主要是滑塌)的作用而形成。

(4)爪形崩岗:爪状崩岗沟可分为 2 种:一种为沟头分叉成多条崩岗沟,多分布在坡度较为平缓的坡地上,它由几条切沟交错发育而成,沟头出现向下分支,主沟不明显,出口却保留各自沟床;另一种为出口沟床向上分叉的崩岗沟,由两条以上崩岗沟自原有河床向上坡溯源崩塌,但多条崩岗出口部分相连,形成倒分叉崩岗沟形地形。

(5)混合型崩岗:由两种不同类型崩岗复合而成。多处于崩岗发育中晚期。由于山坡被多个崩岗切割,沟壑呈纵横状,不同方向发育的崩岗之间多已相互连通,中间只残留长条形脊背或木柱,地形破碎,是崩岗群发育的后期阶段,侵蚀量大。

2.5.4.2　指标监测

1)沟头前进距离

在沟头的两侧做一个标记,或者用高大的标识性乔木作为标记,一定时间后测得该标记到新沟头的距离,不能取两点直线,应该按沿沟前进距离测得;该距离除以相应的时间,即得沟头每年前进的距离。如图 2-9 所示。

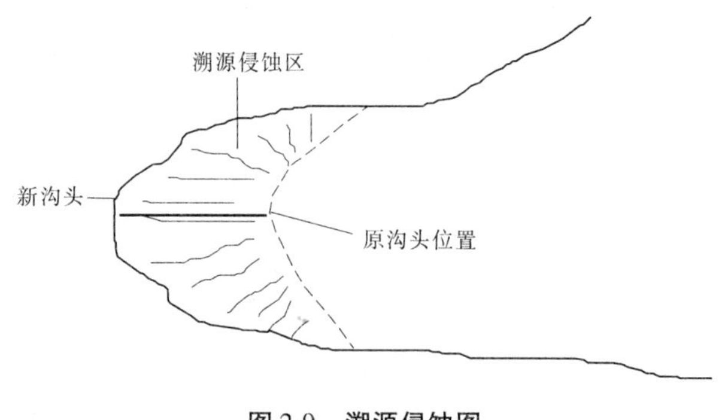

图 2-9　溯源侵蚀图

2)崩岗侵蚀量

a. 平均侵蚀深度

用 GPS 或者高程仪测出崩岗侵蚀沟沟口和沟头两个点的高程 H_1、H_2，利用公式 $S=(H_2-H_1)/2$ 求出平均深度。

b. 沟口宽度

用尺子直接测量沟口的宽度。

c. 发生面积

崩岗发生面积是指坡面单位面积上出现和发生崩岗的面积，单位为 m^2/km^2。采用 GPS 或直接测量的方法测定崩岗面积和坡面面积，对于面积较大的崩岗也可以在地形图上勾绘后用直尺测量，通过比例尺换算。

d. 侵蚀量的计算

崩岗发生面积乘以崩岗发生的侵蚀深度即为崩岗侵蚀体积；然后在发生崩岗的周围取原状土土样测得该处土壤容重（测定方法见 2.1.1.2）。崩岗侵蚀量即为侵蚀体积乘以土壤容重。

崩岗侵蚀记录表见附表 14。

注意：监测崩岗的同时，要监测降雨量及降雨强度。

2.5.5 泥石流监测

2.5.5.1 泥石流监测设施配置的规定

（1）泥石流测验段包括 1 个控制断面、1～2 个辅助断面。控制断面设置在流通段中下部，辅助断面设置在控制断面的上游和下游，其间距为 50～160 m。

（2）在控制断面和测验段附近应设置固定水准点 3～5 个，校核水准点多个。

（3）在控制断面和辅助断面设置断面桩 5～8 个，并有保护标志牌。

2.5.5.2 监测方法

泥石流监测有以下 4 种方法：

（1）断面监测：在泥石流沟道上设立观测断面，利用测速雷达、超声波泥位计,实现泥石流运动观测。

(2)动力监测:采用压电石英晶体传感器、遥测数传冲击力仪、泥石流地声测定仪等方法。

(3)输移和冲淤监测:在泥石流沟流通区布设多个固定的冲淤测量断面,采用超声波泥位计、动态立体摄影等观测。

(4)滑坡泥石流岩土性状试验监测:泥石流取样集中在形成区和堆积区,滑坡取样主要集中在滑坡的滑动带上,其次是滑体内各层位上。选择较为典型的点,去掉表面风化层,裸露新鲜面,兼顾颗粒大小组成,取样约5 kg,所取样品装入样品袋,注明取样地点、采样日期及采取人员。

2.5.5.3 简易监测

简易监测工具有经纬仪、皮尺等。

简易监测的主要对象与内容如下。

1)物源监测

(1)形成区内松散土层堆积的分布和分布面积、体积的变化。

(2)形成区和流通区内滑坡、崩塌的体积和近期的变形情况,观察是否有裂缝产生和裂缝宽度的变化。

(3)形成区内森林覆盖面积的增减,耕地面积的变化和水土保持的状况及效果。

(4)断层破碎带的分布、规模及变形破坏状况。

2)水源监测

除对降雨量及其变化进行监测、预报外,主要是对地区、流域和泥石流沟内的水库、堰塘、天然堆石坝、堰塞湖等地表水体的流量、水位,堤坝渗漏水量,坝体的稳定性和病害情况等进行观测。

3)活动性监测

泥石流活动性监测,主要是指在流通区内观测泥石流的流速、泥位(泥石流顶面高程)和计算流量。活动性指标的简易观测方法如下。

a. 观测准备工作

(1)建立观测标记:在预测预报的基础上,对那些近期可能发生泥石流的沟谷,选择不同类型沟段(直线形、弯曲形),分别在两岸完整稳定的岩质岸坡上,用经纬仪建立泥位标尺,做好醒目的刻度标记。划定长 100 m 的沟段长度,并在上下游断面处做好断面标记。

(2)确定观测时间:由于泥石流活动时间短,一般仅几分钟至几十分钟,故自开始至结束需要每分钟观测一次,特别注意开始时间、高峰时间和结束时间的观测。

b. 流速观测

(1)浮标法:在测流断面的上方丢抛草把、树枝或其他漂浮物(丢物时应注意安全),分别观测漂浮物通过上、下游断面的时间。

(2)阵流法:在测流的上、下游断面处,分别观测泥石流龙头进入上断面和流出下断面的时间。

(3)流速计算。

流速计算公式如下:

$$\gamma_s = \frac{L}{t}$$

式中　γ_s——流经的流速,m/s;

　　L——流经的距离,m;

　　t——流经的时间,s。

c. 泥位观测

在沟谷两岸已建立的泥位标尺上,可读出两岸泥石流顶面高程(即泥位)。

d. 流量计算

流量可用下式粗略计算:

$$Q_s = v_s \times A_s$$

式中　Q_s——泥石流流量,m^3/s;

v_s——泥石流流速,m/s;

A_s——断面面积,m^2。

上述各项观测资料均应做好记录,主要包括观测时间和各种观测数据,并绘制时间与观测值之间的相关曲线,计算有关指标,以此了解变化情况。

记录表见附表15。

2.5.6 石漠化观测

2.5.6.1 岩石出露比

1)选择样地

根据流域的大小,样地的选取可以按附录3,大的面积可以按400~600 m^2;面积较小的可以按50~100 m^2 来取样测定。

2)具体操作

采用样方调查法。将样方内每一连续的裸露岩石面用红漆作标记,并实际测定其裸露面积,每次记录新增加的裸露岩石面积和减少的裸露岩石的面积。

岩石出露程度,可用单位面积岩石出露比例来表示。

农田选择在春耕前,未经扰动的时期;林地选择在雨季刚过后的时期。

记录表见附表16。

2.5.6.2 土层厚度

1)样地选择

在2.5.6.1内所选择的样地内测定土层厚度。

2)具体方法

准备测钎(表面光滑),直径为0.3~1 cm,长为100~200 cm(根据流域土壤的最大厚度来确定),测钎最小刻度为mm,每根钎都作上标记。

根据坡面状况,按一定面积(如4 m^2)范围内土壤连续的小地块，选择中间部分土壤最深的地方（距离岩石相对较远的土壤）插钎；若连续土壤面积较大，可适当多插。钎插入土壤中时，应尽量减少扰动，使测钎牢固稳定，记录每根钎露出地表的刻度。以后每次测定相应记录钎出露地面的刻度。记录表见附表 17。

2.6　措施的经济效益监测

选固定样地进行长期监测对比。同一地块上实施水土保持措施前土地上生长的植物产品（未经任何加工转化）与实施水土保持措施后的土地上的产品对比，其增产量和增收值，包括以下几个方面：

（1）梯田、坝地、小片水池、引洪漫地、保土耕作法等增产的粮食与经济作物；

（2）果园、经济林等增产的果品；

（3）种草、育草和水土保持林增产的饲草（树叶与灌木林间的放牧）和其他草产品；

（4）水土保持林增产的枝条和木材蓄积量。

各项治理措施监测抽样的比例如表 2-1 所示。

表 2-1　各项治理措施监测抽样比例

治理措施	区域面积或数量（hm^2）	抽样比例（%）	备注
梯田、梯地	<10	5	
	10～40	3	
	>40	2	
造林、种草	<10	5	
	10～40	3	
	>40	2	
封禁治理	40～150	5	
	>150	3	

2.6.1 措施增产效益

对典型地块上的粮食产量和果产品产量，单收单打，分别求得其单位面积的产量，并了解增产的具体因素。

对区域的每季作物分别进行果实作物测定。水土保持措施增产效益监测的调查时间和次数，根据水土保持措施及作物的收获时间和茬数而确定。

2.6.1.1 作物产量

选择样地时去边行后，实行实收或随机取样测定，全田块取五个以上面积为 1 ~ 2 m^2（小麦）或 5 ~ 10 m^2（玉米）的样方实脱测产。岩溶石山地区，为便于取样，把 1 ~ 2 m^2 或 5 ~ 10 m^2 换算成穴数或垄数。

记录表见附表 18。

2.6.1.2 果品产量

对于水土保持林和经果林，在样地内按“田”字形选 9 棵树，测定每棵树的果品产量或生长量，从而推算该类地单位面积的产量和经济价值。

记录表见附表 19。

2.6.2 措施增收效益

根据调查小区域的经济水平，按农户经济水平分好、中、差 3 个层次，抽样选取 10 户代表性的农户发放家庭收支表（见附表 20）。对被选的典型农户进行长期、连续的定点监测。

附表

附表 1

土壤含水量记录表

采样地：　　　　　　　　　　　　　　采样时间：

样点	土层深度（cm）	铝盒编号	铝盒重（g）	铝盒带湿土重（g）	铝盒带干土重（g）	含水量（%）

测定者：　　　　　　　　　　　　　　记录者：

附表 2

土壤容重记录表

采样地点： 采样时间：

土层深度(cm)	铝盒号	铝盒重(g)	铝盒带湿土重(g)	铝盒带干土重(g)	环刀编号	环刀容积(cm^3)	环刀重(g)	环刀带湿土重(g)	容重(g/cm^3)

采样者： 测定者： 记录者：

附表 3

土壤孔隙度记录表

采样点：　　　　　　采样时间：　　　　　　测定时间：

环刀号	容重（g/cm^3）	环刀带土重（滤纸刚一湿润时）（g）	环刀带土重（滤纸完全湿润时）（g）	毛管孔隙度（%）	非毛管孔隙度（%）	总孔隙度（%）

采样者：　　　　　　测定者：　　　　　　记录者：

附表 4

田间持水量记录表

采样点：　　　　　　　　采样时间：

环刀号	铝盒重（g）	铝盒带湿土重（g）	铝盒带干土重（g）	水分换算系数	环刀重（g）	环刀带自然土重（g）	环刀内烘干土重（g）	干砂放置 1 ~5 昼夜后环刀内湿土重（g）	田间持水量（%）

采样者：　　　　　　　　测定者：　　　　　　　　记录者：

附表 5

植被调查登记表

(1)乔木林调查表

地理位置________省__________县__________镇__________村

土地利用类型________,地貌类型__________,地貌部位__________

海拔______________m,坡向________________,坡度__________

土壤类型______________________基岩种类______________________

地表物质组成____

线路调查线号____________________调查点______________________

备注 ____

<table>
<tr><td rowspan="3">树种组成</td><td rowspan="3">树龄</td><td rowspan="3">树高(m)</td><td rowspan="3">胸径(cm)</td><td colspan="4">下层灌木</td><td>下地被物</td></tr>
<tr><td rowspan="2">灌木种</td><td rowspan="2">高度(cm)</td><td colspan="2">冠幅(cm×cm)</td><td rowspan="2">主要草种</td></tr>
<tr><td>南北</td><td>东西</td></tr>
<tr><td></td><td></td><td></td><td></td><td></td><td></td><td></td><td></td><td></td></tr>
<tr><td></td><td></td><td></td><td></td><td></td><td></td><td></td><td></td><td></td></tr>
<tr><td></td><td></td><td></td><td></td><td></td><td></td><td></td><td></td><td></td></tr>
</table>

(2)灌木林调查表

地理位置________省__________县__________镇__________村

土地利用类型________,地貌类型__________,地貌部位__________

海拔______________m,坡向________________,坡度__________

土壤类型______________________基岩种类______________________

地表物质组成____

线路调查线号____________________调查点______________________

备注 ____

树种组成	高度（m）	覆盖度（%）	冠幅（cm×cm）		主要草种
			东西	南北	

（3）草被调查表

地理位置________省__________县__________镇__________村

土地利用类型________，地貌类型__________，地貌部位__________

海拔______________m，坡向________________，坡度______________

土壤类型______________________基岩种类______________________

地表物质组成____

线路调查线号____________________调查点______________________

备注 ____

主要草种	高度（m）	覆盖度（%）	分布情况	利用形式

附表 6

降雨记录表

小流域名称：　　　　雨量站名称：　　　　观测年份：

日期	1 月	2 月	3 月	4 月	5 月	6 月	7 月	8 月	9 月	10 月	11 月	12 月
1												
2												
⋮												
31												
降雨量												
降雨天数												
最大日降雨量												
年统计	降雨量：　　mm				降雨天数：　　天			最大 24 h 降雨量：　　mm　　月　日				
	一次最大量：　　mm，历时　　时　　分　　　　月　日											
附注												

附表 7

集流桶径流及泥沙取样记录表

7.1　泥沙较少时的记录表

径流序号：　　　　　　　　观测日期：　　　　　　　　取样开始时间：

小区号	集流桶号	水深 (mm)				集流池浑水总体积 (m^3)	取样瓶号	取样瓶容积 (mL)	滤纸编号	滤纸重 (g)	滤纸 + 干土重 (g)	取样泥沙重 (g)	含沙量 ρ (g/mL)	平均含沙量 $\bar{\rho}$ (g/mL)	产流泥沙量 (g)

取样结束时间：　　　　　　　　　　　　　　　　　　　　观测者：

7.2 泥沙较多时的记录表

径流序号：　　　　　　　　观测日期：　　　　　　　　取样开始时间：

小区号	集流桶号	水深（mm）				取样瓶号	取样瓶容积（mL）	铝盒号	铝盒重（g）	盒重+干土重（g）	取样泥沙重（g）	含沙量 ρ（g/mL）	平均含沙量 $\bar{\rho}$（g/mL）	产流泥沙量（g）

取样结束时间：　　　　　　　　　　　　　　　　观测者：

附表 8

分流箱径流及泥沙取样记录表

径流序号：　　　　　　　　观测日期：　　　　　　　　取样开始时间：

分流箱的分流孔高度：　　　　　　　　分流箱的分流孔数目：　　个

小区号	分流箱编号	水深（mm）				取样瓶号	取样瓶容积（mL）	铝盒号	铝盒重（g）	盒重+土重（g）	取样泥沙重（g）	含沙量 ρ（g/mL）	平均含沙量 $\bar{\rho}$（g/mL）	产流泥沙量（g）

取样结束时间：　　　　　　　　　　　　　　观测者：

附表 9

蓄水池泥沙含量记录表

小区名称：　　　　观测日期：　　　　取样开始时间：

分流箱的分流孔高度：　　　　蓄水池高度：　　　　分流孔数量：　　个

小区号	蓄水池编号	水深（mm）	蓄水池面积（m^2）	泥沙平均深（mm）	径流量（m^3）	蓄水池泥沙风干重(g)

观测者：　　　　记录者：

附表 10

悬移质样品采集记录表

卡口站名称：　　　　　　　　　　卡口站位置：

采样方法：　　　　　　　　　　　采样时间：

水位深度(m)	取样深度(m)	取样体积(mL)	泥沙干重(g)

采样者：　　　　　　　　　　　　记录者：

附表 11

推移质记录表

监测站名称：　　　　　　　　　　监测站位置：

采样方法：　　　　　　　　　　　采样时间：

样点	有效河宽 （m）	采样器进口宽度 （m）	取样历时 （s）	干沙重 （g）	垂线基本输沙率 （g/（s·m））

采样者：　　　　　　　　　　　　记录者：

附表 12

沟蚀调查记录表

地点：　　　　　　　　经纬度：　　　　　　　　测定时间：

编号	沟谷总长度（m）	流域面积（km^2）	沟谷密度（m/km^2）	主沟道沟头高程（m）	沟道出口高程（m）	主沟道的流程高差（m）	主沟道流程长度（m）	主沟道纵比降

测定者：　　　　　　　　　　　　记录者：

附表 13

滑坡调查记录表

区域名称:

地理位置:东经:　　　　　　　　北纬:

滑坡形状图示(平面图、剖面图)				
各种诱发因素	降水情况		裂缝变形程度	
	动物活动异常现象			
滑坡几何数据	滑壁最大高程(m)		滑坡深部形变量(m)	
	位移(m)			
	滑体宽度(m)		滑坡体高度(m)	
	滑体厚度(m)		滑坡侵蚀量(m^3)	
发生时间	年　月　日　时		历时(s)	
危害与潜在威胁对象			防治情况	

填表者:　　　　　　　　监测者:

排桩法监测记录表

桩号	1	2	3	4	5	…
斜坡距离 L_{ij}						
斜坡的坡度 β_i						
水平位移 ΔX_{ik}						
垂直位移 ΔY_{ik}						

附表 14

崩岗侵蚀记录表

地点：　　　　　　经度：　　　　纬度：　　　　测定时间：

崩岗形态：					崩岗类型：				
编号	沟口高程（m）	沟头高程（m）	平均深度（m）	沟口宽度（m）	坡面面积（km^2）	崩岗面积（m^2）	崩岗发生面积（m^2/km^2）	崩岗侵蚀体积（m^3）	崩岗侵蚀量（t）

测定者：　　　　　　　　　　　　　　　　　记录者：

附表 15

泥石流监测记录表

所属水系及主河名称:____________地理位置:________

地理坐标:东经:________北纬:________

发生时间	年 月 日 时	历时	
流态		泥位(m)	
密度(kg/m^3)		流速(m/s)	
流量(m^3/s)			
泥石流堆积面积(m^2)		泥石流堆积体积(m^3)	
降雨情况			
危害与潜在威胁对象			

附表 16

岩石出露面积记录表

地理位置：　　　　　　　　土地利用类型：

样地面积：　　　　　　　　样地号：　　　　　　　　监测时间：

样方编号	样方面积（hm^2）	裸露面积（hm^2）	岩石出露程度
①			
②			
③			
④			
⋮			
平均值			

附表 17

石漠化地区的土层厚度记录表

样地位置：　　　　　样地面积：　　　　　　　样地号：

日期	测钎号										
	1	2	3	4	5	6	7	8	9	…	平均厚度（mm）
年 月 日											
年 月 日											
⋮											

测定者：　　　　　　　　　　　　　　　　记录者：

附表 18

作物产量监测记录表

用地类型：　　　　　　　　　　　　　　农户：

样地面积：　　　　　　　　　　　　　　样地编号：

作物名称	作物品种	大田期	面积（hm^2）	实际产量（kg）	措施年限（第　年）	增产原因

调查者：　　　　　　　　　　　　　　　　　　调查时间：

附表 19

水土保持林(经果林)生长量和产量的调查表

用地类型:　　　　　　　　　　　　　样地面积:

调查规格:　　　　　　　　　　　　　树类:　　　　　　　　品种:

样株编号	株数(株/hm^2)	林龄	基径(cm)	冠幅(cm×cm)	树高(cm)	果品产量(kg/株)

调查者:　　　　　　　　　　　　　　　　　　　调查时间:

注:林龄指林分的平均树龄。

附表 20

农户家庭经营收支情况调查问卷

农户__________ 调查时间__________

家庭人口__________劳动力__________ 最高文化程度__________

农地面积:梯田________坝地________水地________坡地________

其他地 ______________________________

粮食作物面积__________________ 粮食作物产量__________________

经济作物面积__________________ 经济作物产量__________________

农作物收入__________________ 农作物投入__________________

果园产量__________果园收入__________ 果园投入__________

农业收入__________________ 非农业收入__________________

人均农业收入__________________ 人均非农业收入__________________

人均经济收入 ______________________________

家畜种类及数量 ______________________________

畜牧收入__________________ 畜牧饲养支出__________________

畜牧纯收入 ______________________________

农业机械化种类数量 ______________________________

新增农业机械化状况 ______________________________

住房、家电情况及新增情况______________________________

____

子女受教育情况支出 ______________________________

____

生活用品支出 ______________________________

医疗卫生消费 ______________________________

备注 ______________________________

附　录

附录1　土壤剖面的选择和挖坑

选择具有代表性的地形部位挖掘主要剖面，另外可在附近挖些较小的坑进行对照观察。例如，在林区调查时，林区内往往有小片开垦或采伐过的林间草地。主要剖面就不应挖在这些小片地段上，而应在林冠下设主要剖面，在草地上设置对照剖面，避免在路旁、田边、沟渠边及新垦搬运过的地块上设坑。

剖面地点选好，就用铁锹或锄头在地上划出土坑的长宽，平地和缓坡要使剖面的观察面朝阳，以便于观察土壤颜色。观察面的一方不要践踏破坏，以保持自然状态。主要剖面土坑宽约0.8 m，长1.5～2 m，深1～2 m。在土壤较薄的山坡上一般挖到母岩为止，挖出的土壤放在土坑的两边。表层的放在一边，下层的放在另一边，不要把土壤放在观察面上，以便于工作，观察面的对面挖成阶梯状，如附图1所示。剖面挖掘后，将剖面的观察面分成两半，一半用土壤剖面刀自上而下地整理成毛面，一半用铁铲削成光面，以便观察时进行相互比较。

附录2　四分法

将土壤弄碎再混合并铺成四方形，平均划分成4份，再把对角的2份（去掉另2份）合并为1份。如果所得的样品仍然很多，可再用四分法弃留，直到得到所需数量为止。如附图2所示。

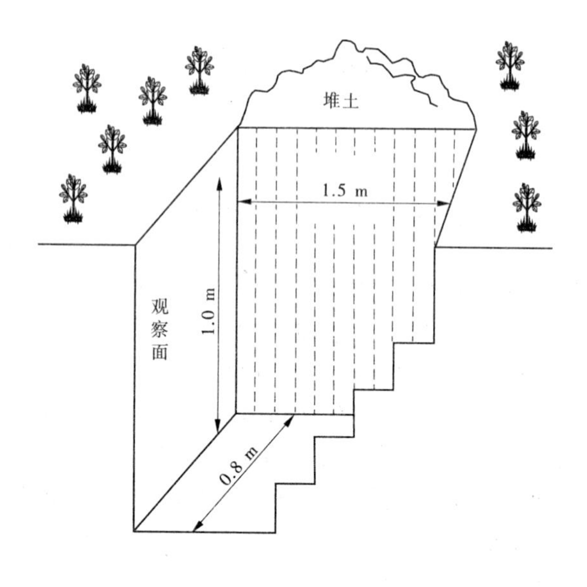

附图 1　土壤剖面挖掘示意图

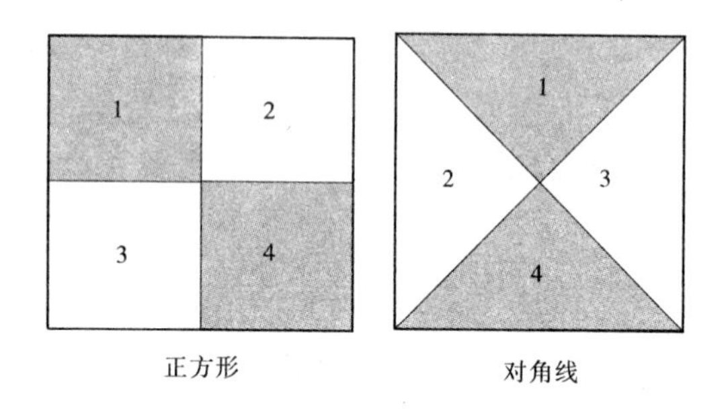

附图 2　四分法

附录3　样地的选取及方法

1. 取样数目

如果群落内部植物分布和结构都比较均一,则采用少数样地;如果群落结构复杂且变化较大、植物分布不规则时,则应提高取样数目。

植物群落调查所用的最适样方大小:乔木层惯用样方大小400 ~600 m^2;草地调查应为1 ~4 m^2;灌木林应为25 ~100 m^2;耕地和其他地类根据坡度、地面组成、地块大小及连片程度确定,一般采用10 ~100 m^2。一次综合抽样,各种不同地类的样地面积应保持一致。

样方数目:乔木2个;灌木3个;草本5个。

2. 取样方法

无样地取样技术(指不规定面积的取样,如点四分法)、有样地取样技术(指有规定面积的取样,如样方法、最小面积调查法、样线法)。

(1)点状取样法

点状取样法中常用五点取样法,如附图3(a)所示,当调查的总体为非长条形时,可用此法取样。在总体中按梅花形取5个样方,每个样方的长和宽要求一致。这种方法适用于调查植物个体分布比较均匀的情况。

(2)等距取样法

当调查的总体为长条形时,可用等距取样法,如附图3(b)所示,先将调查总体分成若干等份,由抽样比率决定距离或间隔,然后按这一相等的距离或间隔抽取样方;例如,长条形的总体为100 m长,如果要等距抽取10个样方,那么抽样的比率为1/10,抽样距离为10 m,然后可再按需要在每10 m的前1 m内进行取样,样方大小要求一致。

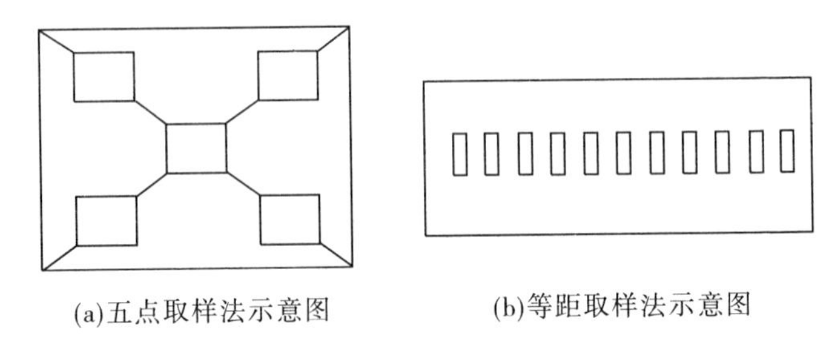

(a)五点取样法示意图　　(b)等距取样法示意图

附图 3　取样示意图

附录 4　标准木所代表的范围及选取方法

胸径、树高和形数等于林分平均胸径、平均高和平均形数的标准木。在实际工作中，要求所选测的平均标准木的胸径与林分平均胸径相差不超过半个径阶，其树高与林分平均高相差不超过±5%，并目测选取干形中等的树木。为了减少计算误差，一般宜选 2～3 株。

附录 5　雨量筒读数

雨量筒读数，眼睛平视液体凹面，如附图 4 所示。

如附图 5 所示，三条直线分别表示三种读数方法：*Ac* 线表示俯视；*Bb* 线表示平视（正确方法）；*Ca* 线表示仰视。因为量筒的刻度示数下面的比上面的要小，所以：

三种方法读数结果关系是：俯视读数（A）＞平视读数（B）＞仰视读数（C），B 的读数正确，A 的读数偏高，C 的读数偏低。

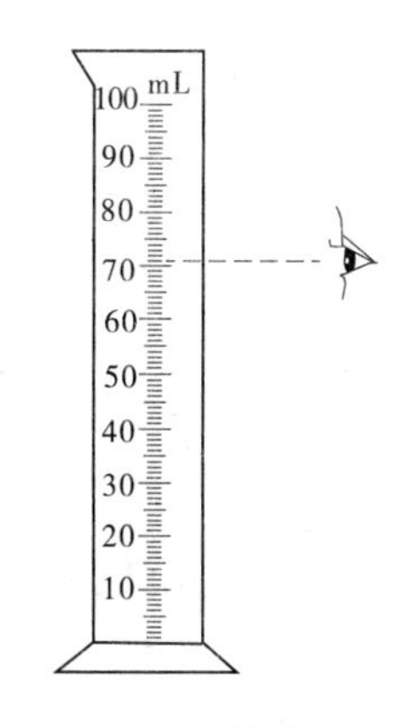

附图 4　雨量筒读数

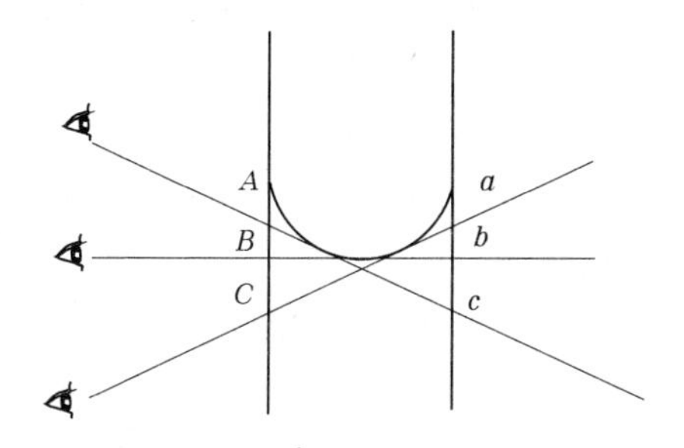

附图 5　量筒正确与错误的读数方法

附录 6　雨量计观测注意事项

1. 换记录纸时，常出现浮子圆桶中有水而未能发生虹吸的现象（属于正常现象），需注入一定体积清水，使其虹吸，带回储水瓶后要检查注入量与记录量之差是否在 ±0.05 mm 之内。若出现笔尖在 10 mm 记录纸上波动，成为平头线（属于不正常现象），可先将笔尖拨离纸面，用手握住笔架向下轻压，迫使虹吸，然后对准时间继续记录。

2. 若连续晴日无雨或降水小于5 mm,一般不换记录纸,只须在8时观测时,向承雨口注入清水,使笔尖抬高几毫米,继续记录。每张记录纸连续使用日数一般为5 d,并记录末端日期。

3. 换纸后,安装纸筒就位时应先顺时针后逆时针方向旋转针筒,以避免针筒的传输齿轮产生间隙,给走时带来误差。

4. 注意经常用酒精洗涤自记笔尖,使得墨水流畅。

附录7　雨量计的维护

1. 经常检查雨量计内有无杂物,若有杂物要及时清理。

2. 经常检查自记雨量计的画线情况,及时换记录纸,及时加墨;遇到故障,及时修理。

3. 经常检查雨量筒安放是否水平。

4. 雨量筒周围高大的杂草、灌木要及时清理。

附录8　测坡仪的使用方法

用测坡仪在地面坡度上测坡度。测量通常由两人完成,一人站在坡顶,一人持测坡仪站在坡脚,用测坡仪照准装置照准坡顶站立者的头部,同时拨动照准仪的手柄使水平管水平(由反光镜可以看出),经反复照准与拨动,最后在仪器一侧读出的倾斜度即为地面坡度。

附录9　集流系统的维护

1. 降雨产流过程中,经常检查分流箱的分流孔是否堵塞,若有堵塞应及时清理,清洗分流孔。

2. 经常检查分流箱、集流桶是否水平,若不水平及时调整。

3. 取样结束后,及时清理分流箱中的泥沙。

4. 放水后,将阀门安牢。经常检查放水阀是否漏水。

5. 经常检查集流桶和分流箱有无漏水现象。

6. 经常清理集流槽出现的侵蚀泥沙或生长的杂草。

7. 检查导流管与集流槽、导流管与分流箱连接的地方,发现破裂、漏水及时处理。

附录10　径流小区的维护

1. 经常检查小区的边埂,若有倾斜、漏水现象,应及时修整。

2. 降雨径流时,观察径流路径,若发现径流横向流动,说明小区横向坡面不平整,应及时平整。

3. 减少对小区的扰动,避免牲畜的闯入。

4. 若在小区内取土,取完土后要及时回填土孔。

参考文献

[1] 熊奎山. 一种测定树高的简易方法[J]. 甘肃农业大学学报,2004,12(6).

[2] 李智广. 水土流失测验与调查[M]. 北京:中国水利水电出版社,2005.

[3] 孟宪宇. 测树学[M]. 北京:中国林业出版社,2006.

[4] 刘震. 水土保持监测技术[M]. 北京:中国大地出版社,2004.

[5] 陈立新. 土壤实验实习教程[M]. 黑龙江:东北林业大学出版社, 2005.

[6] 章家恩. 生态学常用实验研究方法与技术[M]. 北京:化学工业出版社,2007.

[7] 中华人民共和国水利部. SL 277—2002 水土保持监测技术规程[S]. 北京:中国水利水电出版社,2002.

[8] 中华人民共和国农业部. NY/T 1121. 1—2006 土壤检测第1部分:土壤样品的采集、处理和贮存[S]. 北京:中国农业出版社,2006.

[9] 水利部水土保持监测中心. 水土保持监测技术指标体系[M]. 北京:中国水利水电出版社,2006.